2017

INTERIOR DESIGN MODEL LIBRARY

欧式风格家居
EUROPEAN STYLE HOME

室内设计模型库

U0214646

叶斌 叶猛 著

海峡出版发行集团 | 福建科学技术出版社
THE STRAITS PUBLISHING & DISTRIBUTING GROUP | FUJIAN SCIENCE & TECHNOLOGY PUBLISHING HOUSE

作者简介 / AUTHOR PROFILE

叶 斌 / Ye Bin

高级建筑师
国广一叶装饰机构首席设计师
福建农林大学兼职教授
南京工业大学建筑系建筑学学士
北京大学 EMBA
中国室内设计学会理事
中国建筑装饰协会理事

荣 誉

当选 2013–2015 年度福建省最具影响力设计师（排名第一）
荣获 "中国室内设计杰出成就奖"
当选 2009 "金羊奖" 中国十大室内设计师
当选中国建筑装饰行业建国 60 年百名功勋人物
当选 1989–2009 中国杰出室内设计师
当选 1997–2007 中国家装十年最具影响力精英领袖
当选 1989–2004 全国百位优秀室内建筑师
当选 2004 年度中国室内设计师十大封面人物
当选 2002 年福建省室内设计十大影响人物（第一席位）

著 作

1. 《室内设计图典》（1、2、3）
2. 《装饰设计空间艺术·家居装饰》（1、2、3）
3. 《装饰设计空间艺术·公共建筑装饰》
4. 《建筑外观细部图典》
5. 《国广一叶室内设计模型库·家居装饰》（1、2、3）
6. 《国广一叶室内设计模型库·公建装饰》
7. 《国广一叶室内设计》
8. 《国广一叶室内设计模型库构成元素》（1、2）
9. 《室内设计立面构图艺术》系列
10. 《国广一叶室内设计模型库》系列
11. 《家居装饰·平面设计概念集成》
12. 《概念家居》、《概念空间》
13. 《2009 室内设计模型》系列（5 册）
14. 《2010 家居空间模型》系列（3 册）
15. 《2010 公共空间模型》系列（2 册）
16. 《2011 家居空间模型》系列（3 册）
17. 《2011 公共空间模型》
18. 《2012 室内设计模型集成》系列（5 册）
19. 《2013 公共空间模型集成》系列（2 册）
20. 《2013 家居空间模型集成》系列（3 册）
21. 《2014 空间模型集成》系列（5 册）
22. 《2015 室内设计模型集成》系列（5 册）
23. 《2015 名师家装新图典》系列（3 册）
24. 《2016 公共空间模型库》
25. 《2016 家居设计模型库》系列（4 册）
26. 《新家居装修与软装设计》系列（4 册）

获奖设计作品

长乐电力大楼	2015～2016 年度中国建筑工程装饰奖（公共建筑装饰设计类）
叶禅赋	2016 年第十一届中国国际室内设计双年展金奖
FORUS	2016 年第十一届中国国际室内设计双年展金奖
Lee House	2016 年第十一届中国国际室内设计双年展金奖
静·念	2016 年第十一届中国国际室内设计双年展银奖
仕林东湖	2016 年第十一届中国国际室内设计双年展银奖
白说》	2016 年第十一届中国国际室内设计双年展银奖
"一扇窗，漫一室"	2016 年第十一届中国国际室内设计双年展银奖
坐卧之间	2016 年第十一届中国国际室内设计双年展铜奖
亦黑亦白	2016 年第十一届中国国际室内设计双年展铜奖
世欧澜山	2016 年第十一届中国国际室内设计双年展铜奖
秋风词	2016 年第十一届中国国际室内设计双年展铜奖
少即是多	2016 年第十一届中国国际室内设计双年展铜奖
溪山温泉度假酒店（实例）	2014 年第十届中国国际室内设计双年展金奖
正兴养老社区体验中心	2014 年第十届中国国际室内设计双年展银奖
中联大厦办公楼	2014 年第十届中国国际室内设计双年展铜奖
尊贵彰显富丽	2014 年第十届中国国际室内设计双年展铜奖
永福设计研发中心	2014 年度全国建筑工程装饰奖（公共建筑装饰设计类）
宇洋中央金座	2013 年第十六届中国室内设计大奖赛铜奖
宁德上东曼哈顿售楼部	2013 年第四届中国国际空间环境艺术设计大赛（筑巢奖）优秀奖
福建洲际酒店	2012 年首届亚太金艺设酒店大赛金奖
瑞莱春堂	2012 年第四届 "照明周刊杯" 照明应用设计大赛金奖
前线共和广告	2012 年第十五届中国室内设计大奖赛金奖
前线共和广告	2012 年第九届中国室内设计双年展金奖
阳光理想城	2012 年第九届中国室内设计双年展金奖
福州情·聚春园	2012 年第九届中国室内设计双年展银奖
宁化世界客属文化交流中心	2012 年第九届中国室内设计双年展铜奖
映·像	2012 年第二十届亚太室内设计大奖赛铜奖
名城港湾 157#103	2012 年第三届中国国际空间环境艺术设计大赛（筑巢奖）优秀奖
一信（福建）投资	2011 年第十四届中国室内设计大奖赛金奖
福建科大永和医疗机构	2011 年中国最成功设计大赛最成功设计奖
素丽娅泰 SPA	2010 年第八届中国室内设计双年展金奖
摩卡小镇售楼中心	2010 年第八届中国室内设计双年展银奖
大洋鹭洲	2010 年第八届中国室内设计双年展铜奖
素丽娅泰 SPA	2010 年亚太室内设计双年展大奖赛商业空间设计银奖
繁都魅影	2010 年亚太室内设计双年展大奖赛住宅空间设计银奖
繁都魅影	2010 年亚洲室内设计大奖赛铜奖
中央美苑	2010 海峡两岸室内设计大赛金奖
繁都魅影	2010 海峡两岸室内设计大赛金奖
光．盒中盒	2010 海峡两岸室内设计大赛金奖
皇帝洞书院	2009 年 "尚高杯" 中国室内设计大奖赛二等奖
北湖皇帝洞景区会所	2008 年第七届中国室内设计双年展金奖
点房财富中心	2007 年 "华耐杯" 中国室内设计大奖赛二等奖
大家会馆（实例）	2006 年第六届中国室内设计双年展金奖
书香大第销售中心	2006 年第六届中国室内设计双年展金奖
内蒙古呼和浩特市中级人民法院	2004 年中国第五届室内设计双年展铜奖
厦门奥林匹亚中心	2004 年中国第五届室内设计双年展铜奖

另 116 项设计作品荣获福建省室内设计大奖赛一等奖

叶 猛 / Ye Meng

国广一叶装饰机构副总设计师
国家一级注册建筑师
国家一级注册建造师
中国建筑学会室内分会会员
福建工程学院建筑与规划系讲师
福州大学建筑系学士
中南大学土建学院建筑学硕士

获奖设计作品

仕林东湖	2016 第十一届中国国际室内设计双年展银奖
融信大卫城—禅韵	2016 福建省室内设计大赛居室空间类金奖
东方韵	2015 中南地区国际空间环境艺术设计大赛方案设计空间铜奖
雅韵·世欧澜山	2015 中南地区国际空间环境艺术设计大赛住宅空间优秀奖
风尚	2015 年度国际空间设计大奖·艾特奖 最佳公寓设计入围奖
融信大卫城	2014 年中国室内设计双年展优秀奖
三盛国际公园	2014 年第五届中国国际空间环境艺术设计大赛（筑巢奖）提名奖
名城港湾	2014 年第五届中国国际空间环境艺术设计大赛（筑巢奖）优秀创意奖
融侨外滩	2014 年第五届中国国际空间环境艺术设计大赛（筑巢奖）优秀创意奖
鳌峰洲小区—19A	2013 年第四届中国国际空间环境艺术设计大赛（筑巢奖）优秀奖
阳光理想城	2012 年第九届中国国际室内设计双年展金奖
大洋鹭洲	2010 年第八届中国国际室内设计双年展铜奖
繁都魅影	2010 年亚洲室内设计大奖赛铜奖
福建工程学院建筑系新馆	2009 年中国室内空间环境艺术设计大赛一等奖
福建工程学院建筑系新馆	2009 年福建室内与环境设计大奖赛公建工程类最高奖
文化主题酒店	2008 年福建省第六届室内与环境设计大赛一等奖
点房财富中心	2007 年 "华耐杯" 中国室内设计大奖二等奖
大家会馆（实例）	2006 年第六届中国室内设计双年展金奖
金钻世家某单元房	2006 年第六届中国室内设计双年展银奖

另出版《建筑外观细部图典》、《室内设计图像模型》等著作数十种

国广一叶装饰机构作为"全国最具影响力室内设计机构"（中国建筑学会室内设计分会颁发）、"2015 年度中国建筑装饰设计机构 50 强企业"（中国建筑装饰协会颁发）、"2013 住宅装饰装修行业最佳设计机构"（中国建筑装饰协会颁发）、"2013 年度全国住宅装饰装修行业百强企业"（中国建筑装饰协会颁发）、"2012 ~ 2013 年度全国室内装饰优秀设计机构"（中国室内装饰协会颁发）、"2012 年中国十大品牌酒店设计机构"（中外酒店论证颁发）、"2013 中国住宅装饰装修行业最佳设计机构"（中国建筑装饰协会颁发）、"1989 ~ 2009 年全国十大室内设计企业"（中国建筑协会室内设计分会颁发）、"1988 ~ 2008 年中国室内设计十佳设计机构"（中国室内装饰协会颁发）、"1997 ~ 2007 年中国十大家装企业"（中国建筑装饰协会颁发）、"福建省著名商标"、"福建省建筑装饰装修行业龙头企业"（福建省人民政府闽政文〔2014〕26 号颁发）、"福建省建筑装饰行业协会会长单位"，荣获国际、国家及省市级设计大奖上千项。

国广一叶装饰机构首席设计师叶斌荣获"中国室内设计杰出成就奖"、两次荣获"中国十大室内设计师"称号；叶猛被评为"1989 ~ 2009 年中国优秀设计师"；另外，19 名设计师被评为中国装饰设计行业优秀设计师，96 名设计师分别被评为福建省优秀设计师、福州市优秀设计师，89 名在职设计师分别荣获历届全国、福建省、福州市室内设计一等奖……

以上这些荣誉的获得和国广一叶装饰机构自身的水准有关。国广一叶装饰机构拥有大批量高水准的室内设计专业效果图，这些效果图将设计师的设计意图淋漓尽致地表现出来。自 2004 年至今，国广一叶装饰机构在福建科学技术出版社已陆续出版了 13 套模型系列图书，一直受到广大读者的支持与厚爱。为了不辜负广大读者的期望，我们继续推出《2017 室内设计模型库》系列图书。这系列图书汇集了国广一叶 2016 ~ 2017 年制作的 1900 多个风格各异、手法时尚的室内设计效果图及其对应的 3ds Max 场景模型文件，可作为读者做室内设计时的有益参考。

本书配套光盘的内容包含效果图原始 3ds Max 模型和使用到的所有贴图文件。由于 3ds Max 软件不断升级，此次的模型我们采用 3ds Max2011 版本制作。模型按照图片顺序编排，易于查阅调用。只有能对模型进一步调整才能体现其价值和生命力，因此提供的 3ds Max 模型是真正有价值、可随时提取、调整使用的部分。必须说明的是，书中收录的效果图均为原始模型经过 lightscape 渲染和 photoshop 后期处理过的成图，是为读者了解后处理效果提供直观准确的参考，与 3ds Max 直接渲染的效果有一定区别。

著　者
2017 年 2 月

As a well-known decoration company, Guoguangyiye Decoration Group have acquired thousands of international, national and provincial design awards, such as "Top 50 architectural decoration company in China(2015, honored by China Building Decoration Association, CBDA)", "the best design institutions of residential ornament industry in 2013 (honored by China Building Decoration Association, CBDA)", "the Top 100 enterprises of Chinese residential ornament industry in 2013(honored by China Building Decoration Association, CBDA)" "Outstanding Interior Design Companies in China(2012-2013, honored by China National Interior Decoration Association, CIDA)", "Top 10 Candlewood Design Companies in China(2012, honor by Chinese and Foreign Hotel Argument)", "The Best Interior Decoration Association of Chinese Home Decoration(2013, honored by CBDA)", "Top 10 Interior Design Companies in China (1989-2009)", "Top 10 China Interior Design Institutions (1988-2008)", "2012 China top 10 Hotel Design Institutions", "China Top 10 Home Decoration Enterprises (1997-2007)", "Well-Known Brand of Fujian", "the leading enterprises of architectural ornament industry in Fujian province (issued by the people's Government of Fujian Province〔2014〕No. 26）" and "the president company of Architectural Ornament Industry Association of Fujian province".

In Guoguangyiye Decoration Group, a dozen of architects have be granted as "National 19 architect of China", and 83 architects have awarded as "Excellent Architect of Fujian province/Fuzhou", 76 architects have won top prize of national, Fujian provincial or Fuzhou. The chief architect Mr. Bin Ye has wined the award of "Distinguished Achievement Award of Chinese Interior Design", and awarded twice "China Top 10 Interior Design Architect". Mr. Meng Ye was awarded "Outstanding Architect of China (1989-2009)".

Naturally these achievements have been accomplished because of the high level interior designs of Guoguangyiye, but obviously cannot be attained without high level professional effect drawing that presents the design intent of architects incisively and vividly. Therefore as a product of the collective efforts of architect and graphic designer, it is closely related to the success of project design.

Since 2004, Guoguangyiye has published thirteen series of books on design model database with Fujian Science and Technology Press and all of them have gained wide popularity by their richness and practicality. Therefore, this year we will continue to publish 2017 Interior Design Model Library. This new series consists of over 1900 chic 3ds Max scenario models of various style interior designs created by Guoguangyiye during 2016-2017. Being a model database, they could also be used as beneficial references for interior design.

The enclosed CD contains original 3ds Max models of decoration effect drawings and all the map files used in order to create them. Due to the continuous upgrading of 3ds Max software, version 2014 was adopted in the drawing of these models which are arranged in the order of the pictures to make them easily accessible. Since as only models that can be further adjusted are valuable, the 3ds Max moulds provided are all of true value and readily available. It should be noted that, all the effect drawings in the books are pictures rendered by lightscape and dealt with by Photoshop, to give an intuitive and precise reference for readers on the after effects which are different from those rendered directly by 3ds Max.

February 2017

目录 CONTENTS

客厅
LIVING ROOM

002

001

003

004

005

006

007

009

010

011

012

013

014

015

016

017

018

019

020

021

022

025

024

026

027

028

029

030

031

032

033

040

038

039

041

042

043

044

045

047

046

049

048

050

051

052

053

054

059

058

060

061

062

063

065

064

066

068

067

069

070

071

072

073

075

077

074

078

076

079

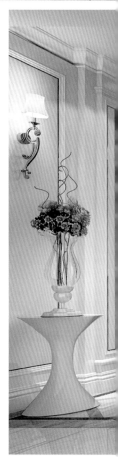

081

080

082

083

084

086

085

087

088

089

090

091

092

093

094

096

098

097

099

100

101

102

103

104

105

106

108

107

110

109

111

112

113

114

115

116

117

119

123

124

125

126

127

128

130

132

131

133

134

135

136

137

139

138

140

144

145

146

147

148

149

150

152

151

153

154

155

156

157

158

159

160

161

162

163

164

165

166

167

169

170

卧室
THE BEDROOM

171

172

173

174

175

176

177

179

178

181

180

182

184

183

185

186

187

189

188

190

191

192

194

193

195

197

198

196

202

203

204

205

206

207

208

209

210

212

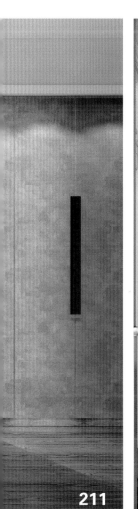

211

213

214

216

215

217

218

219

220

221

222

223

224

225

227

226

229

228

230

231

232

233

234

235

236

238

237

239

240

241

242

243

245

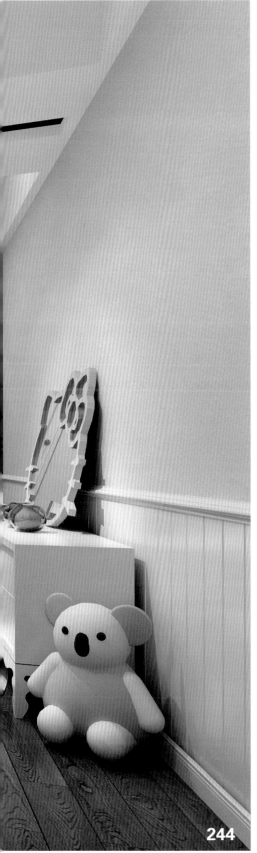

244

246

247

248

249

250

251

253

252

254

257

258

255

256

259

263

264

265

266

267

268

269

271

273

270

272

274

275

276

278

277

279

280

281

283

284

285

其他功能空间

OTHER FUNCTIONAL SPACE

286

288

287

289

290

292

293

294

295

296

297

299

298

300

301

302

303

304

305

307

306

308

309

310

311

312

313

314

315

317

316

318

319

320

321

322

323

324

325

326

328

327

329

329

330

331

332

333

334

335

336

337

339

338

340

图书在版编目（CIP）数据

2017 室内设计模型库 . 欧式风格家居 / 叶斌，叶猛
著 . —福州：福建科学技术出版社，2017.5
ISBN 978-7-5335-5276-3

Ⅰ . ① 2… Ⅱ . ①叶… ②叶… Ⅲ . ①住宅 – 室内装饰
设计 – 图集 Ⅳ . ① TU238.2-64

中国版本图书馆 CIP 数据核字（2017）第 046981 号

书　　名	2017 室内设计模型库　欧式风格家居	
著　　者	叶斌　叶猛	
出版发行	海峡出版发行集团	
	福建科学技术出版社	
社　　址	福州市东水路 76 号（邮编 350001）	
网　　址	www.fjstp.com	
经　　销	福建新华发行（集团）有限责任公司	
印　　刷	恒美印务（广州）有限公司	
开　　本	635毫米 ×965毫米　1/8	
印　　张	22	
图　　文	176 码	
版　　次	2017 年 5 月第 1 版	
印　　次	2017 年 5 月第 1 次印刷	
书　　号	ISBN 978-7-5335-5276-3	
定　　价	268.00 元	

书中如有印装质量问题，可直接向本社调换